LA
POMME DE TERRE

DE SON UTILITÉ,

DES SOINS A LUI DONNER,

par

LE BARON SEYMOUR DE CONSTANT.

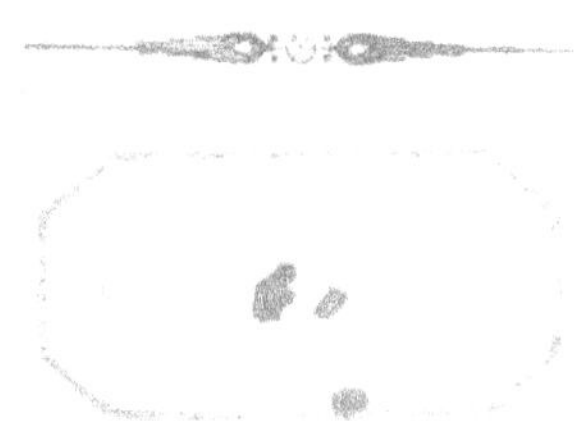

ABBEVILLE

T. JEUNET, ÉDITEUR, RUE SAINT-GILLES, 108.

1853.

LA
POMME DE TERRE

Nécessité de la propager.

Depuis quelque temps, on s'est beaucoup occupé de science agricole. Malheureusement, ceux qui en ont parlé, avec le plus de connaissance de cause, sont de riches propriétaires aux vues étendues, hors de la portée du petit cultivateur vivant au jour le jour. On ne s'est pas assez souvenu, dans les réunions de personnes influentes qui cherchent à améliorer l'agriculture en France, que c'est par de petits moyens bien employés qu'on arrive insensiblement aux bons résultats, et non pas par de brusques innovations qu'on hésite d'adopter par crainte de la non réussite.

Il faut un surcroît d'engrais pour fertiliser le sol de la France, dit-on dans ces réunions. Tous ceux qui ont la plus légère notion agricole savent cela; mais ce qui est plus difficile à comprendre, ce sont les moyens à employer pour avoir le surcroît de bétail qu'il faudrait pour obtenir l'engrais nécessaire sans occasionner une dépense que le cultivateur peu aisé ne pourrait supporter.

Avant de décider en dernier ressort que ce sont les amendements seuls qui manquent à la prospérité agricole de la France, il faudrait d'abord examiner si l'agiculture n'y est pas susceptible d'améliorations qui rendraient ce besoin moins pressant; car s'il est incontestable que le fumier multiplie et hâte le germe de la semence confiée à la terre, il est cependant des cas où sa surabondance est nuisible.

Une terre médiocrement fumée présente souvent des résultats plus satisfaisants dans les départements du Nord, et surtout dans ceux qui avoisinent le détroit de la Manche, que celle qui a reçu un fort amendement, surtout de fumier de cheval qui prédomine toujours dans les cours des fermes, à cause du manque général de la race bovine qui s'y fait sentir; par la raison que cette dernière produisant des germes plus attendris, par la chaleur de cet engrais, résiste moins à l'action âpre de l'air.

Il en résulte, pour la plupart du temps, qu'au mois de mars qui y est ordinairement beau, au point de promettre un été précoce, tout y prospère et fait espérer une récolte abondante. Mais arrive le mois d'avril avec les vents de mer glacials chargés de giboulées et de grêle ; tout alors change : les blés, qui avaient heureusement bravé un rude hiver, jaunissent en mourant, et la tendre pousse des fourrages, tels que sainfoin ou trèfle, disparaît du sol pour n'en pas laisser de vestiges.

Quand, par hasard, les blés fortement amendés arrivent à maturité et promettent par leur épaisseur et par la beauté de leurs épis une riche récolte, les ouragans, joints aux interminables pluies des mois de juillet et d'août, les versent et les font germer sur pied; pendant que les blés moins fumés, et par conséquent moins épais, restent debout et se sèchent au moindre rayon du soleil.

Ces effets n'ont pas lieu seulement en cette année 1845, où il faisait encore au mois de mai un froid de glace qui a détruit tous les trèfles, et où des pluies continues, au moment de la récolte, menaçaient de détruire la plupart des blés de la France, mais ils se sont reproduits pendant quinze années dans les vingt que j'ai cultivé; et toujours j'ai remarqué que c'étaient les terres les plus amendées qui avaient le plus souffert.

Lorsque ces calamités se renouvellent souvent, le cultivateur, qui comptait sur une provision de fourrages suffisante pour les besoins de sa ferme, est obligé de vendre une partie de ses bestiaux, ne pouvant acheter pour les nourrir des foins à 50 et 60 fr. et de la paille à 25 fr. les 500 kilos, taux auquel je les ai fréquemment vu vendre, quoique de mauvaises qualités, quand en temps ordinaire ils ne valaient que la moitié de ces prix. Cet exposé, qui n'est nullement exagéré, doit faire comprendre non seulement l'impossibilité où se trouve le cultivateur de faire l'amas de fumier qui lui serait nécessaire, mais encore qu'il est ruiné s'il n'a pas d'autres ressources que sa culture.

Le climat de l'Angleterre, pays qu'on cite toujours avec une complaisance qui doit infiniment flatter l'amour propre des Anglais, brumeux et moins favorisé du soleil, quoique nous commençions assez bien à nous anglaiser de ce côté là aussi, est sans contredit moins froid que celui du nord de la France.

Dans un séjour de deux ans que j'y ai fait, je me suis convaincu qu'on y a moins à lutter contre la rigueur des saisons, et que la plupart de ses terres ont bien moins besoin d'amendements que les nôtres, la rotation de leurs produits étant bien mieux entendue. Je n'en citerai pour preuve que celles du pays de Galles, qui se composent d'un terreau noir des plus productifs, qui s'étend jusqu'aux sommets des plus hautes montagnes, et qui ne sont presque jamais fumées, à cause de la difficulté et même quelquefois de l'impossibilité des transports dans des régions aussi élevées. Si dans ces conditions ont les eut, sans discontinuer, chargées de blé, d'avoine ou de sainfoin, comme on le fait en France, il y a longtemps qu'elles eûssent été frappées de stérilité en dépit des jachères. Je ne crains pas, au reste, d'avancer après une comparaison impartiale que je trouve que nos laboureurs, quoique se servant de charrues moins perfectionnées, préparent aussi bien leurs terres pour recevoir l'ensemencement que ceux de l'autre côté du canal. Si le cultivateur anglais l'emporte sur le français, c'est dans le choix bien entendu de la graine qu'il leur confie, calculé d'après leurs facultés reproductives, et dans les soins qu'il porte à la préparation de ses engrais, dont il sait, par un mélange et une manipulation habiles, conserver les sucs nourriciers; tandis que ce dernier laisse les siens perdre une bonne partie de leurs qualités en les étendant sans soins dans de vastes cours de fermes, sous l'action de la pluie qui entraîne les sucs nourriciers, et du soleil qui les évapore.

La prospérité agricole de l'Angleterre ne provient donc pas entièrement de ses amendements, comme on semble le croire, mais elle est plutôt le résultat de la variété de ce qu'on fait produire à son sol. La pomme de terre, le navet et la betterave appartiennent essentiellement à cette variété ; moins sujets à l'inconstance des saisons, leur riche et nourrissante récolte permet la possession de beaucoup de bétail, par conséquent de beaucoup de fumier, tout en n'apauvrissant pas la terre qui les a produits.

Pour faire une juste comparaison entre la culture des deux pays, il faudrait que la manière d'y vivre fût la même. L'Anglais cultive pour les besoins de ses concitoyens, comme le Français cultive pour les besoins des siens. Faites que les Anglais vivent comme les Français, ce dont ils se garderont bien, vous verrez l'économie domestique française s'introduire en Angleterre. Faites au contraire que le Français vive comme l'Anglais, et vous verrez aussitôt la culture anglaise s'introduire en France.

Les premiers se nourrissent de viande, de légumes et de peu de pain, pendant que les seconds ne vivent que de pain, la plus cher de toutes les nourritures. Le Français en a tellement contracté la malheureuse habitude, qu'il ne peut plus s'en passer, et que lors même qu'il a l'occasion bien rare de manger de la viande, il lui faut cependant toujours sa ration habituelle de pain, qui est le fondement de tous ses repas; le reste n'est pour lui qu'un accessoire qui passe inaperçu, et cette ration est au moins quatre fois plus forte que celle de l'Anglais ou de l'Allemand.

Tous ceux de mes compatriotes qui ont voyagé à l'étranger doivent se rappeler leur étonnement lorsque, dans ces pays, on leur servait aux tables d'hôtes une tranche de pain de la dimension d'un biscuit de Reims, dont ils faisaient une bouchée, pendant qu'elle suffisait au repas de l'indigène.

—

On aura beau doubler et tripler les amendements, s'il était possible de se les procurer à la suite des temps, ce qui n'est pas probable; on finira toujours par épuiser les terres par des besoins qui ne sont pas en harmonie avec leurs qualités reproductives. On ne remédiera donc sérieusement à rien, tant qu'on ne trouvera pas un moyen efficace pour diminuer cette immense consommation de pain en France. Jusque là, la culture y sera toujours en souffrance, et par suite le peuple misérable et dangereux pour son gouvernement.

Pendant un instant, ce moyen semblait avoir été trouvé, lorsque Parmentier y introduisit la pomme de terre, et tenta tout ce qu'un simple particulier peut entreprendre pour en démontrer l'utilité. Il a sans doute bien mérité le monument qu'on élève à sa gloire, pour avoir fait connaître en France ce nouvel élément de prospérité, inconnu jusqu'alors; mais le ministre qui eut été assez habile pour le seconder, en la propageant par des primes d'encouragement, de manière à ce qu'elle fût devenue l'auxiliaire du blé, eut mérité une statue d'or posée sur une colonne assez élevée pour pouvoir être salué, de tous les points de la France, comme bienfaiteur de la patrie.

Lorsqu'il y a vingt-huit ans, à mon retour d'Allemagne, j'entrepris l'exploitation de ma propriété, située dans le département de la Somme, pour mettre en pratique ce que j'avais vu faire dans ce pays, j'augmentai le nombre de mes bestiaux du double de ce qu'il était d'usage d'en avoir dans le pays, pour un terrain de l'étendue du mien. Je supprimai ensuite les jachères pour ne pas perdre bénévolement le tiers de mon revenu, et cultivai froment, seigle, avoine ou pamelle, navets, betterave et prairies artificielles par rotations. Je m'appliquai surtout à obtenir de bonnes récoltes de pommes de terre, prévoyant les bons résultats qu'elles auraient pour mon voisinage. Je continuai à opérer ainsi, au grand ébahissement des cultivateurs du pays, accrédités pour leur savoir, qui me prédirent d'année en année, pendant plus de quinze ans, que je me trouverais mal de cette manière de cultiver, que j'épuisais mes terres et que je finirais par les rendre stériles.

Après ce temps, quelques uns s'apercevant qu'ils avaient été mauvais prophètes, commencèrent à m'imiter, mais lentement et avec certaines restrictions, causées par le manque de bétail à reproductions d'engrais. Le plus grand nombre continua à suivre les anciens errements, en disant : « Nos pères ont bien vécu comme cela, pourquoi ne viverions-nous pas comme eux? » Et lorsqu'un paysan s'est exprimé ainsi, il est sourd à toutes les représentations, et aveugle devant l'évidence qui lui crève les yeux.

A cette époque, c'est-à-dire en 1817, les habitants de la commune rurale au milieu desquels j'étais venu me fixer, quoique au centre de la civilisation, menaient la vie misérable et sauvage, dont je vais essayer de donner une faible esquisse, que je laisse aux réflexions des philanthropes si empressés de voir s'améliorer le régime des prisons et le sort des nègres, en oubliant qu'à côté d'eux des familles entières, bien plus intéressantes que des voleurs ou des noirs, endurent des privations souvent intolérables.

Cette commune, située dans un des plus riches et des plus populeux cantons de la France, traversée par une route royale conduisant de Paris à Londres, journellement parcourue par de brillants équipages et par dix diligences, présentant enfin tout ce luxe qui devrait inspirer le désir d'un modeste bien-être, était alors composée d'une centaine de mauvaises chaumières en bois et en terre, dans la construction desquelles il n'entrait pas un morceau de fer, à peine un clou; toutes indistinctement distribuées en une ou deux pièces, dont l'une servait de cuisine et l'autre de chambre à coucher et de fournil, sans plancher ni carrelage; ayant de rares lucarnes, au lieu de fenêtres, et tirant le jour par la porte d'entrée toujours ouverte, même pendant les plus grands froids de l'hiver.

Dans ces sales bouges, où circulait une humidité nauséabonde, habitait une chétive population de deux à trois cents individus, à figures hâves et à vêtements déguenillés, couchée pêle-mêle, pères, mères et enfants, dans la même chambre, sinon sur la même paillasse, se garantissant du froid de la nuit en se couvrant des haillons imprégnés de saleté qu'ils portaient le jour. Le mobilier d'une telle habitation se composait d'un bois de lit fait avec quatre planches, contenant une paillasse ou seulement de la paille réduite en poussière par un long usage, d'une armoire antique, jadis appartenant à quelque château démeublé pendant la révolution, mais ternie par la poussière et l'humidité, manquant de serrure et de pentures et de la moitié de ses ornements; de deux ou trois misérables chaises et escabeaux, d'une potière supportant quelques mauvaises assiettes de faïence et de terre ébréchées, et d'une table boiteuse imprégnée de crasse.

Quoique le bonheur n'existe pas dans un mobilier somptueux, il faut avouer que la modestie de celui-ci surpassait toutes les bornes, et qu'il eut été permis de ne pas s'en trouver satisfait. On peut aussi bien, il est vrai, prendre une nourriture saine et abondante dans un plat de terre ébréché, servi sur une mauvaise table, que dans de la porcelaine servie sur l'acajou; mais ici il n'y avait pas même de milieu entre le bon et le mauvais, car ce plat de terre ne contenait pendant toute la semaine qu'une soupe aux choux, à l'oseille ou aux ognons, sans lait ni graisse, mais avec force de pain.

Ceux qui possédaient une vache, qu'ils entretenaient aux dépens du public, avec l'herbe qu'ils dérobaient aux forêts du gouvernement ou dans les bois de particuliers, ou qui parvenaient à élever un cochon, vivaient un peu mieux et se permettaient un morceau de lard salé les dimanches, dont ils faisaient la soupe pour toute la semaine.

Comme ils se nourrissaient principalement de pain, on comptait que la consommation de blé, par chaque individu, se montait à un décalitre par semaine, au prix moyen, qu'il a presque toujours dépassé, de 1 fr. 50 c. On peut concevoir d'après ce chiffre si chaque membre d'une famille composée de père, mère et de trois ou quatre enfants, pouvait manger à sa faim lorsque les chefs de famille, en attendant que leurs enfants fussent d'âge à les seconder dans leurs travaux, ne gagnaient que 1 fr. ou 1 fr 50 c. par jour, gain qui ne pouvait couvrir la seule dépense pour le pain, surtout en déduisant les trois mois du chômage d'hiver. Si, dans cette situation précaire, une maladie venait les accabler, ce qui n'était pas rare, mal nourris et mal vêtus comme ils l'étaient, au milieu d'un travail continu et exténuant, une misère complète envahissait alors leurs tristes demeures, et ces pauvres gens se trouvaient, sinon pour toujours, du moins pour longtemps, incapables d'acquitter les dettes contractées pendant cette maladie envers des voisins aussi pauvres qu'eux.

Le sort des prisonniers ou des esclaves, régulièrement occupés et nourris, n'est-il pas mille fois préférable à celui de ces malheureux? Ils sont libres, dira-t-on; oui, sans doute, ils sont libres de travailler douze heures par jour, lorsque toutefois ils trouvent de l'ouvrage, pour ne pas mourir de faim, eux et leur famille. Il fallait en vérité posséder une bien forte dose de cette insouciance naturelle au caractère français, pour ne pas désespérer dans une pareille position. Ce n'était pas la mort que le dépérissement de leurs forces leur faisait craindre, mais bien l'incapacité du travail. La mort, disaient-ils avec une indifférence stoïque qui m'a souvent douloureusement frappé par son ton de conviction, la mort nous délivrera de la misère.

On me dit, mais je n'ose y croire, que quoique ce tableau soit bien sombre, que celui de la misère d'une grande partie du midi de la France, de la Sologne et des Landes entre autres, est bien plus sombre encore : cela ne peut se concevoir sous le plus beau ciel du monde et sous un gouvernement populaire, au milieu de cette civilisation tant vantée, dont Paris seul semble avoir le monopole pour le malheur du reste de la France, dont les sueurs vont délayer le mortier qui sert à élever les somptueux édifices de cette capitale.

Une sage administration donnerait du pain à ceux qui ont faim, et même cette poule au pot que leur promettait Henri IV, avant d'enfouir des milliards dans les embellissement de Paris, pour occuper ses turbulents enfants. Un peu d'aisance, un peu de bonheur pour les classes pauvres de la France en général, lui vaudraient mieux que la plus formidable enceinte et que tout cet étalage d'objets d'art, dont les heureux de la terre peuvent seuls jouir, sans arrière-pensée pénible.

Cet état de choses s'est heureusement amélioré depuis quelque temps dans une partie du département de la Somme, mais il laisse cependant encore beaucoup à désirer. Je remercierais Dieu si j'avais été un des premiers promoteurs de ce bien-être naissant : ce qui pourrait être contesté par ceux qui ne voient que les améliorations instantanées, mais qui ne considèrent pas celles d'une progression lente.

Ce qui m'a toujours étonné, c'est que quelques uns de ces villageois, après avoir séjourné en Allemagne pendant les guerres de l'Empire, où ils avaient, dans leurs moments de loisirs, aidé leurs hôtes dans la belle culture de leurs champs et profité de l'abondance que la pomme de terre y a introduite, n'eussent jamais essayé des mêmes moyens pour améliorer leur sort. Rentrés dans leurs foyers, ils oubliaient ce qu'ils avaient vu de bon à l'étranger pour retomber dans leurs anciennes routines, sans songer à faire le moindre changement au mode d'une culture vicieuse.

Dans toute cette commune, renfermant plus de **400** hectares de terres arables, il ne se plantait pas deux décalitres de pommes de terre. Ceux qui, par suite des morcellements, étaient devenus propriétaires d'une parcelle de terre, la chargeaint de blé, dont le produit était fréquemment insuffisant pour leur nourriture. Les frais d'ensemencement, de labour et de récolte en absorbaient plus que la valeur, tandis qu'une plantation de la même étendue de pommes de terre eut amplement suffi, non seulement à leur nourriture, mais encore à celle de leurs bestiaux.

Décidé, comme je l'ai dit, de cultiver à l'instar de ce qui se fait en Allemagne, et possédant les amendements nécessaires, pour m'y conformer en tout point, je plantai une quantité de pommes de terre plus que suffisante pour mon usage. Au moment de les recueillir, je fis publier que je les vendrais à un prix modéré, sur le terrain même. Mon appel ne fut entendu que par les plus pauvres habitants de mon village et des environs.

Sur deux cents hectolitres, j'en vendis à peu près trente : c'était déjà un bon commencement. L'année d'ensuite, j'opérai de même et en distribuai un peu plus, quoique plusieurs acheteurs prétendissent qu'ils ne s'en nourrissaient que par nécessité, parce qu'elles ***prenaient à la gorge***, disaient-ils. Quoique que j'aie pu leur dire pour obvier à cet inconvénient, ils les faisaient cuire dans l'eau, sans sel et sans en avoir préalablement ôté la pellicule, ce qui leur laisse en en effet une âcreté désagréable au goût, surtout lorsque la prévention s'en mêle, sentiment que je n'ai pas seulement rencontré chez les paysans difficiles à convaincre, même pour ce qui concerne leur bien-être lorsqu'il est question d'innovations, mais encore chez des individus qu'on croirait devoir être instruits. Je ne citerai dans cette catégorie qu'un certain docteur, que je rencontrai à A..., ancien chirurgien de l'armée du Rhin, qui me soutenait, se fâchant tout rouge, parce que je nétais pas de son avis, que la pomme de terre n'était pas nourrissante. Si ses observations en Allemagne n'avaient pas été lumineuses, il n'aurait pas dû oublier que c'est chez les Irlandais, qui n'ont pas d'autre nourriture, qu'on trouve le plus beau sang. Cette opinion pouvait au reste aller de pair avec les contes absurdes qu'il débitait sur la Hollande, où il prétendait que toutes les femmes fumaient, même celles de la haute société. S'il n'a pas jugé avec plus de discernement les maladies de ses patients, Dieu aie pitié de son âme, car il est mort.

D'année en année, j'arrivai à augmenter mon produit et ma vente, et à faire comprendre que la pomme de terre n'était pas seulement bonne et économique, comme nourriture pour les hommes, mais qu'elle possédait encore ces mêmes qualités, données crues ou cuites au bétail. Enfin, au bout de six ou sept ans, je commençai à espérer d'avoir atteint au moins en partie le but que je m'étais proposé : quelques habitants, après avoir fait des essais dans leurs jardins, commencèrent à en planter dans les champs, où l'on en vit d'abord un hectare, puis deux, puis trois, et ainsi insensiblement cette progression arriva au point qu'aujourd'hui on en cultive au moins dix hectares sur le territoire de ma commune seulement, exemple qui n'a pas tardé à être suivi par les communes environnantes.

Quoique cette quantité fût encore loin d'être satisfaisante relativement à la population, ses bons effets se firent cependant bientôt sentir. Ces chaumières si sales et si malsaines devenaient de jour en jour plus habitables, leurs lucarnes disparaissaient pour faire place aux croisées à grands carreaux. Il se montrait plus de luxe dans l'ameublement et plus de propreté dans les vêtements; et si chaque habitant ne possédait pas une vache nourricière, réservée aux plus riches, il trouvait au moins du lait à acheter chez son voisin, pour améliorer sa maigre soupe, et le moyen d'élever un ou deux cochons, qui lui permettaient une nourriture plus substancielle que le pain tout seul, dont malheureusement la consommation ne diminuait pas encore assez. Pour que l'établissement d'une aisance durable puisse avoir lieu, il faudra peut-être encore les misères de plusieurs générations pour user les routines vicieuses des temps d'ignorance.

Comme il est nécessaire, pour arriver à cette aisance, d'indiquer des moyens à portée des plus petites bourses, je ne citerai pas ce qui se fait en Angleterre comme exemple, surtout lorsque je me souviens qu'une de ses sommités agricoles m'y faisait voir avec emphase une pièce de blé soumise à un sarclage perpétuel, dont la main-d'œuvre devait nécessairement absorber deux fois le produit. On n'y opère qu'avec de grands capitaux, souvent hasardés d'une manière incroyable, plus par cette incommensurable dose de vanité qui vise à la réputation d'originalité inhérente à la nation, que par un vrai patriotisme, et dont les résultats heureux ne figurent le plus souvent que sur le papier. Si les crédules utopistes français étaient entrés comme moi dans les petites fermes du nord de l'Angleterre et du pays de Galles, leur admiration se serait quelque peu refroidie pour tout ce qui se passe dans ce pays par excellence. Ils y auraient trouvé les fermiers dans une gêne continuelle, causée autant par le luxe effréné, cette lèpre de l'Angleterre qui y a pénétré jusque sous le chaume, que par l'incurie de leur gestion. Il faut surtout se garder de prendre ces gens à la lettre, car pour tromper un Français, par un simulacre d'opulence nationale, leur amour-propre leur ferait sacrifier jusqu'à leur dernier sou; ils ne permettent pas qu'on les surpasse, même dans leurs extravagances. Ce qui achève de les ruiner, ce sont les énormes contributions dont ils sont frappés, tant par leur gouvernement que par le clergé, et dont l'absurde taxe pour les pauvres, source de fainéantise, de grapillage et de cruautés (Voir pour cela, entre autres renseignements, *la Presse* du 4 septembre 1845), fait le complément. Le ministre anglais reconnaît si bien cette position fâcheuse des fermiers tant d'une partie de l'Angleterre que de l'Irlande, que tous les ans il cherche vainement des moyens pour améliorer leur sort; mais le mal est trop invétéré pour être guéri sans une réaction quelconque, qui, si elle éclate, ce qui doit indubitablement arriver un jour ou l'autre, sera une des plus terribles qui se sera vue en Europe. Il faudra bien enfin que ce peuple, oppressé sous un simulacre de liberté, aie sa part de ces immenses richesses territoriales acquises par une classe privilégiée, dont les confiscations séculaires ou le lucre éhonté sont l'origine.

Pour aller plus sûrement, je puiserai mes exemples d'améliorations dans un pays qui a plus d'analogie avec le nôtre que l'Angleterre, et avec lequel nous avons eu des relations un peu plus amicales qu'avec notre dangereuse rivale d'outre-Manche. Je veux parler de l'Allemagne, et surtout de notre si regrettable département de la Roër, encore assez souvent visité par des Français, pour qu'on puisse se convaincre de la réalité de ce que j'avance.

Sans être riche, cette contrée jouit cependant d'une aisance plus également répandue sur toutes les classes, que dans nul autre pays, ce qui est d'autant plus étonnant qu'à toutes les époques elle fut le théâtre des guerres qui se vidaient en Europe, et notamment depuis son occupation par les Espagnols, sous Philippe II, qui la dévastèrent par le fer et le feu, jusqu'à l'invasion des étrangers en 1815, qui l'épuisèrent par une gloutonnerie sans exemple jusqu'alors parmi les peuples civilisés.

Pendant ce long espace de temps si désolant surtout pour ce département, loin d'y avoir craint la famine, on n'y éprouva pas même une disette assez alarmante pour y causer un de ces mouvements populaires dont la France a si souvent à gémir, et dont la ville de Moléon (Basses-Pyrénées) a dernièrement encore offert un exemple. Le pain, il est vrai, renchérissait parfois et était même difficile à se procurer dans certains moments de pillage et d'incendie; mais les habitants n'en souffraient pas outre mesure, ayant toujours en réserve, cachée aux regards de leurs ennemis, enfouie sous terre, dans des excavations ou silos dissimulés avec soin, une provision de pommes de terre suffisante pour les rassurer contre la faim. Souvent sans asile, traqués comme des bêtes féroces dans les bois où ils se réfugiaient, ce n'était pas le défaut de nourriture qui les décimait, mais bien l'intempérie de l'air, jointe à la férocité de leurs persécuteurs; le pain ne leur était pas plus alors qu'aujourd'hui d'une nécessité absolue, comme il l'a toujours été et l'est encore en France, faute d'une industrie plus conforme à la raison, et par suite au bien être de la classe nécessiteuse, qui toujours cotoyant la misère, végétant au milieu de toutes les privations, conserve cependant encore, comme je l'ai dit, cette humeur joviale, cette civilité, et j'ose même dire ce certain point d'honneur qu'on ne retrouve chez aucun pauvre des autres peuples. Je ne parle ici que des ouvriers et des manœuvres des provinces, et laisse la majorité de ceux de Paris en dehors de ces louanges. Ceux-ci doivent nécessairement se ressentir de l'influence du centre de toutes les corruptions au milieu duquel ils vivent.

Cette honnête pauvreté de nos journaliers de province ne peut se comparer avec celle du mercenaire de l'Angleterre, qui est la plus horrible du monde, et d'autant plus frappante que nulle part l'abjection de l'extrême détresse ne touche d'aussi près au luxe de l'extrême opulence. Lorsque l'ouvrier anglais se trouve un moment sevré, faute d'ouvrage, de ses habitudes autorisées par les usages de son pays, qui sont l'antidote de la sobriété, il est de suite démoralisé. Ne pas manger et boire à satiété est pour lui la misère qui le pousse dans la débauche la plus crapuleuse. On le voit alors sans vêtements, sans chemise, nu-pieds; couvert d'un caleçon déguenillé, ses cheveux souillés et en désordre, et ses chairs, imprégnées d'une croûte de crasse, bleuies par le froid et la faim. C'est une véritable brute mendiant avec bassesse, à laquelle on donne non par charité, mais pour se débarrasser au plus tôt de son aspect repoussant. L'Anglais, toujours fidèle à son égoïsme national, vous dira, pour excuser ses compatriotes réformateurs du genre humain d'avoir un pareil crétin parmi eux, que c'est un Irlandais, ce qui est pour lui l'équivalent d'un chien.

On doit au reste supposer l'air de l'Angleterre singulièrement absorbant, pour pouvoir s'expliquer comment peuvent s'y digérer sans encombre les quatre repas qu'on y fait par jour, dont trois à la viande, sans compter la tasse de thé qui se prend au saut du lit. La cherté des denrées doit rendre cette gloutonnerie non seulement ruineuse pour bien des familles aisées, mais fâcheuse par les privations sans cesse renaissantes qu'elle impose au peuple; elle doit être en outre la cause d'une bien lourde charge pour les finances de l'état. Ce qui me le fait penser, c'est qu'étant logé à Londres, en face d'une caserne des gardes à cheval, ***horse gards***, je m'étonnais, en présence d'un officier supérieur russe, de l'énorme quantité de bœuf rôti, entouré de pommes de terre frites, qui sortait plusieurs fois par jour des fours des boulangeries du voisinage, et que des gardes de corvée portaient sur des civières vers cette caserne à l'heure des repas. Cet officier, qui s'en était étonné avant moi, m'assura que d'après des calculs certains, il s'était convaincu que l'entretien d'un de ces gardes à cheval coûtait autant au gouvernement britannique que celui d'un général russe coûtait au sien.

Quand on a longtemps vécu en Angleterre et qu'on y a pénétré dans l'intimité journalière des caractères et des usages de la vie, immuablement basés sur un sordide intérêt individuel qui exclurait les élans bienveillants de l'âme, s'il n'était combattu par l'orgueil et l'ostentation; on éprouve un inexprimable sentiment de reconnaissance lorsqu'on revoit cette belle France, ce foyer de l'intelligence et de la liberté, où les idées généreuses jaillissent spontanément, sans arrière pensée flétrissante, et où l'on pourrait être si heureux sans cette mobilité d'imagination et cette surabondance de facultés intellectuelles qui, faute d'autre pâture, entravent les actes d'un gouvernement que la postérité regrettera peut-être, comme on regrette celui de Napoléon depuis que la tombe couvre ses cendres.

Lorsque, vers le XVIIIe siècle, la pomme de terre fut transportée du Pérou en Europe, sa culture se répandit aussitôt dans une grande partie de l'Allemagne, et quelque peu en Angleterre. Cette production saine et économique y rassura bientôt des populations entières contre les mauvaises chances de l'agriculture, occasionnées autant par l'inconstance des saisons que par les ravages de la guerre. Vainement les étrangers, lors des guerres de Flandre, cherchèrent-ils à l'introduire en France : elle y fut accueillie avec cette indifférence et cette méfiance qui est encore le type du campagnard français, et qui ne se démentit pas lorsque, longtemps après eux, Turgot chercha à en étendre la culture dans le Limousin et dans l'Anjou, amélioration qui fut en partie déjouée par les docteurs de village, la peste des campagnes, qui effrayèrent le peuple en répandant qu'elle engendrait la lèpre et la fièvre, pendant qu'il était prouvé au contraire que partout où elle était devenue d'un usage habituel, les maladies épidémiques avaient diminué, quand toutefois elles étaient récoltées en parfaite maturité.

Les Allemands des bords du Rhin, moins crédules, comprirent bientôt les changements favorables qu'elle allait introduire dans leur économie domestique. Ils s'attachèrent donc avec persévérance à sa culture et à sa propagation; avec d'autant plus de succès qu'elle convenait parfaitement à leur sol généralement sableux, lorsqu'il n'est pas à proximité des alluvions fluviales.

L'ancien département de la Roër vit surtout une nouvelle ère se lever pour lui par cette culture, qui lui procura non seulement un surcroit de substance alimentaire, mais encore des moyens inconnus jusqu'alors. La pomme de terre étant venue en grande partie remplacer le blé, celui-ci s'expédia à l'étranger contre de l'argent comptant. Le seigle seul resta dans le pays et servit à faire ce pain noir qu'on y voit encore, qui a tant fait crier les Français, quoiqu'en mettant la prévention de côté ils aient fini par en manger, sans cependant y être contraints, le plus beau pain blanc nommé ***Franz-Broet***, pain français, depuis la guerre de sept ans, se trouvant à côté. Quoiqu'en dise si gaîment M. Alexandre Dumas, dans son Voyage sur les bords du Rhin, où on lui présenta, dit-il, étant à table d'hôte à Aix-la-Chapelle, un chausson de pommes pour du pain qu'il demandait. Pour avoir été si bien compris, il faut que la langue lui aite singulièrement fourché dans ses efforts pour s'exprimer dans son Allemand le plus fleuri.

Ce pain que les Allemands mangent, non par nécessité, mais par goût, de préférence au pain blanc, et qu'ils appellent ***pompernikel***, fut baptisé ainsi, dit-on, par un Francais auquel on en voulait faire manger, mais qui se refusait avec véhémence à se soumettre à ce régime, en criant qu'il était ***bon pour Nikel***, nom de son cheval ; ce pain est fait avec du seigle seulement, concassé par des meules taillées à cet usage, dont on n'extrait pas la totalité du son. J'ignore s'il est indigeste, car je n'en ai jamais éprouvé ni vu éprouver les mauvais effets. On n'en consomme au reste que modérément, la pomme de terre le remplaçant presque exclusivement, non seulement chez le pauvre, mais encore chez le propriétaire aisé.

Il m'est souvent arrivé, pendant mes excursions, d'assister au dîné des riches fermiers de ce pays, exploitant des pâturages, où il ne s'en mangeait pas du tout. Le pain y était remplacé par un grand plat de pommes de terre cuites de la manière que je dirai plus loin, accompagnant le bœuf ou le veau rôtis au four, le lard ou le jambon, dans lequel les convives puisaient une pomme de terre après chaque bouchée de viande. Au dessert seulement, la maîtresse de la maison distribuait à la ronde une tranche d'un pain de froment compacte, blanc comme de la neige, pétri avec du lait et des œufs, nommé ***Weck***, qui se mangeait en tartine avec du beurre frais.

Si l'ouvrier ou le nécessiteux Français consentait à restreindre au tiers la quantité de blé qu'il a l'habitude de consommer chaque semaine, et à remplacer les deux autres tiers par des pommes de terre dont le décalitre, acheté même en détail, ne lui reviendrait tout au plus qu'à 50 ou 60 centimes, sa dépense pour sa nourriture se trouverait réduite de moitié, et il ne serait pas exposé comme il l'est, pour la plupart du temps, à vivre avec du pain fait avec du blé, aux trois quarts seigle, souvent germé, mal fermenté et mal cuit, qui ne vaut pas, à beaucoup près, ce pain noir allemand tant décrié; et avec cette soupe fade et peu substancielle dont j'ai déjà parlé; sans pouvoir se donner une bouchée de nourriture réconfortante, de viande enfin, qui fait les hommes robustes et forts. Sa vie animale n'absorbant plus tout ce qu'il peut gagner par un rude labeur, il lui resterait en outre de quoi se vêtir décemment.

Cette classe du peuple, dans le pays que j'offre pour exemple, au lieu de dévaster les bois du gouvernement ou des particuliers, comme elle le fait dans le nord de la France, non seulement pour y chercher son chauffage, mais encore pour y voler du bois pour le vendre, s'y rend pour en rapporter le bois sec, nécessaire au ménage, qui se réduit à peu de chose, le charbon de terre y étant bon marché et d'un usage général. Le reste du temps qu'elle peut dérober à ses heures de travail, elle l'emploie à ramasser dans des sacs des feuilles sèches dont elle fait la litière de ses vaches ou de ses pores. Cette opération, répétée plusieurs fois par jour, tant que la saison le permet, finit par lui procurer un amas de fumier plus ou moins considérable, qu'elle soigne avec persévérance et bonifie en y ajoutant ce qu'elle peut ramasser d'immondices dans les chemins, avec des cendres, et quelquefois même avec de la chaux vive. A fur et à mesure qu'elle nettoye ses étables, au lieu d'épandre ces vieilles litières dans des cours, comme on le fait ici, elle en forme des amas, semblables à des fauldes de charbon de bois, légèrement évasés dans le haut, qu'elle laisse fermenter en les arrosant avec les urines qui découlent de ces étables. Les plus industrieux retournent et remanient ces amas au milieu de l'hiver, lorsque la fermentation a eu lieu, et y ajoutent encore, s'ils en ont le moyen, de la chaux vive.

Cette manipulation finit par faire un excellent terreau de cette masse compacte de feuilles sèches, très recherchées par les cultivateurs, toujours aux aguets dans ce pays de ce qui peut améliorer leurs terres, et n'épargnant jamais leurs peines pour arriver à ce but. Je les ai souvent vus, après les semailles, parcourir pendant deux ou trois jours les environs de leurs fermes, s'arrêtant de maisons en maisons pour y amasser, avec la patience de la fourmi, une voiture de cendres, de bois ou de tourbes. Ils n'ont garde donc d'oublier le fumier du pauvre, amassé à leur intention, qu'ils lui prennent à raison de deux ares de terre par voiture attelée de deux chevaux, qu'ils lui louent pour la saison pour planter ses pommes de terre. Ils se chargent en outre de tout l'ouvrage qui peut se faire avec la charrue, comme plantage, buttage et déplantage, et après lui avoir conduit sa récolte à domicile, ils reçoivent en plus 20 ou 50 litres par chaque are; cela dépend des localités, il y en a où ils ne reçoivent rien.

Le propriétaire du fumier, de son côté, aidé de sa famille, se charge de tout l'ouvrage qui ne peut se faire avec la charrue. Il place les pommes de terre dans les sillons que la charrue recouvre; fait le sarclage qu'elle ne peut atteindre à l'époque du buttage, et les ramasse lorsqu'elle les déterre, en séparant de suite les petites pommes de terre des grosses; les premières étant réservées pour le plantage de l'année suivante; ce qui ne se fait pas non plus dans cette partie de la France, où l'idée erronée existe que les plus grosses doivent donner de plus beaux produits, ce qui n'empêche pas qu'elles n'y soient coupées en deux ou en quatre pour la plantation.

Cet arrangement si simple est avantageux aux deux parties. Le cultivateur, après cette récolte, se trouve, sans bourse délier, non seulement avoir une terre amendée, préparée à recevoir son ensemencement de blé, mais reçoit encore quelquefois une légère rétribution en argent, sinon en nature, pendant que le propriétaire du fumier se voit l'heureux possesseur, à peu de frais, d'une provision de pommes de terre suffisante pour entretenir son ménage jusqu'à la récolte prochaine. Car après l'hiver, lorsque les fortes gelées ne sont plus à craindre, il en transporte ce qu'il en faut pour ses besoins personnels dans des greniers dont la température sèche conserve leur bonne qualité, en les empêchant de germer trop tôt.

Pour apprécier toute la valeur des pommes de terre comme nourriture saine et même délicate, il faut savoir les apprêter convenablement. En France, on les cuit généralement à grande eau ou à la vapeur, sans sel et sans les avoir préalablement dépouillées de leur pellicule; ce qui empêche cette âcreté qu'elles renferment, qu'on croit malfaisante, de s'en extraire pour s'épandre dans l'eau. La manière suivante, dont je les fais apprêter depuis des années, d'après ce que j'ai vu faire en Allemagne, prévient cet inconvénient si toute fois il existe.

Après en avoir pelé et lavé la quantité voulue, on en remplit au trois quarts la marmite qu'on recouvre d'eau froide, en y ajoutant du sel à volonté; car sans sel leur goût serait fade et peu agréable. Après un quart-d'heure de cuisson lorsqu'elles sont nouvelles, et d'une demi-heure lorsqu'elles sont anciennes, on est certain qu'elles sont cuites à point ; ce dont on peut s'assurer lorsqu'elles se transpercent facilement avec un brin de paille ; épreuve qu'une courte expérience rend inutile.

Lorsqu'elles sont dans cet état, on déverse et l'on égoutte avec soin toute l'eau de la marmite, qu'on pose ensuite sur des cendres chaudes près du foyer, sur lequel on peut aussi la suspendre hors de la forte action du feu, pour les sécher, en ayant soin de ne pas les brûler et de ne pas les laisser s'attacher au fond du vase. Cuites ainsi, elles sont blanches, farineuses et d'un goût exquis, lorsqu'elles sont de bonne qualité ; ce qui dépend beaucoup du terrain qui les a produites. Elles peuvent, apprêtées ainsi, remplacer le pain, servir de légumes; fricassées avec du beurre frais fondu ou des mets plus solides, tels que lard, mouton ou toute autre viande, elles sont encore excellentes. On peut aussi, sans parler de la fécule qu'on en tire, s'en servir dans la confection du pain, à la proportion d'un tiers contre deux tiers de farine de froment; fait ainsi, le pain n'est pas seulement bon au goût, mais il a l'avantage de se tenir longtemps frais. Passées dans un tamis de ferblanc, mêlées de beurre, de lait, d'œufs et de fines herbes, on en fait des gâteaux dignes du palais le plus délicat. Il y a enfin vingt manières différentes, trop longues à énumérer ici, de les accommoder pour en faire une nourriture toujours excellente, saine et économique. Mais je ne puis trop le répéter, toute pomme de terre destinée à la nourriture de l'homme doit être pelée avant sa cuisson : c'est une condition indispensable pour qu'elle soit agréable au goût et bonne pour la santé. Quoique habitué à en manger chaque jour chez moi, je m'en privai pendant mon séjour en Angleterre, parce qu'elle y est généralement cuite avec sa pellicule; je sentais que la nécessité seule m'eut obligé à m'en nourrir, cuite cette de manière.

Je n'ignore pas que ce préjugé que je ne cesse de signaler, quoique moins fort de jour en jour contre ce bienfaisant tubercule, me fera taxer d'exagération dans les louanges que je lui donne, par rapport à son utilité indispensable, surtout dans la position difficile où se trouve la classe ouvrière et indigente. Mais le temps et la nécessité me justifieront à cet égard, lorsqu'ils auront fait crouler les uns après les autres tous ces beaux systèmes agricoles qui devaient amener l'âge d'or, tout en ruinant leurs auteurs. On reviendra alors forcément à des moyens dédaignés pour leur simplicité même.

Je citerai un exemple au milieu de tant d'autres, qui donnera la mesure des difficultés qu'on éprouve à introduire en France l'innovation la plus simple, la plus utile et la moins coûteuse.

Depuis 1817, époque de mon établissement dans ce pays, jusqu'à ce jour, je n'ai jamais dîné sans qu'un plat de pommes de terre ne fût servi sur ma table. Il en était de même pour celle de mes domestiques, qui, ne pouvant plus s'en passer, les mangeaient avec tout, de préférence à tout autre légume, — manière de vivre qui diminuait considérablement la dépense de pain dans mon ménage. Tous ceux de mes voisins, riches ou pauvres, qui venaient dîner avec moi ou avec eux, ne cessaient de s'extasier, c'est le mot, sur leur bonté. Ils nous accablaient, en conséquence, dans leur enthousiasme gastronomique, de questions sur la manière dont elles étaient cuites. Pendant ces 38 ans, je leur ai donné, j'en suis certain, plus de mille fois cette recette. Eh bien! qu'en est-il résulté? Je ne puis y penser sans rire; cette ténacité aux vieilles habitudes l'emporta sur mes plus lumineuses applications, et jamais, pendant ce laps de temps, je ne mangeai de pommes de terre cuites d'après mes conseils, que chez moi.

Chez l'un, le chef de cuisine les avait manquées; chez l'autre, on n'y avait plus pensé; un troisième l'avait oublié; et tous, avec une nouvelle ardeur, me redemandaient la merveilleuse recette, à condition de ne pas plus s'en servir qu'auparavant.

Si on pouvait mettre les pommes de terre à la mode, comme le tabac à fumer et le thé, on serait certain de son succès; car la mode triomphe de tous les obstacles en France, et introduit même des usages jusque-là considérés comme inconvenants. Combien de fois, avant l'invasion des étrangers, n'ai-je pas entendu les Français pester contre les pékins de fumeurs

Allemands qui les empestaient. Aujourd'hui, plus qu'en Allemagne, tous les Français fument, malgré nausées et vertiges, dans les rues, dans les spectacles, et même au milieu des femmes, ce dont le pékin d'Allemand ne se serait jamais avisé. Que de lazzis spirituels n'ai-je pas entendu faire sur les preneurs de thé, dont on usait si peu alors en France, qu'étant à Paris en 1809, et ayant l'habitude d'en prendre à mon déjeûner, je n'en trouvai de buvable qu'au Café de Foi. Lorsque je voulus en prendre chez moi, à l'hôtel Vendôme, les gens de la maison me croyant malade, mirent tout en œuvre pour me soulager de l'indigestion qu'ils me supposaient. Ne me souciant pas du thé de Mme Gibout, je demandai une théière, et ce ne fut qu'après une longue exploration dans Paris qu'ils parvinrent à m'en découvrir une en faïence ébréchée, dont on n'avait encore pu déterminer l'usage. Maintenant tout le monde en prend, si ce n'est par goût, du moins par ton, au risque de passer une nuit blanche.

Il est à espérer, lorsque les pommes de terre auront leur tour de mode, que le monde élégant comprendra combien il serait utile d'en propager l'usage parmi le peuple, comme il le fera peut-être un jour pour cet *affreux sauerkraut* (*), d'une si grande ressource pour les pauvres en Allemagne, qui s'est impunément établi au Café de Paris, et dont l'odeur, autrefois *infecte*,

(*) Choucroûte.

parfume aujourd'hui les lambris dorés. S'il ne faut pas juger des goûts et des couleurs, il ne faut pas non plus, à moins de se donner tôt ou tard un démenti, fronder les usages et les opinions.

Comme nourriture pour le bétail, les pommes de terre sont indispensables dans une bonne administration agricole. Lorsqu'on peut se procurer des bourrées de ronces ou de bruyère, ou toute autre espèce de combustible de peu de valeur, il est bon de faire cuire ces tubercules pour les vaches et pour les porcs; si non, on les leur donne crus, car il serait d'une mauvaise économie d'employer pour cette cuisson du bois vendable, au haut prix où il est en France.

Lorsqu'on les a coupés par morceaux dans un cuvier, par le moyen d'un louchet, on les répand dans l'auge des vaches avec de la paille d'avoine ou de la paille hachée, universellement employée en Allemagne, principalement dans l'avoine des chevaux, afin de forcer ces animaux à mieux broyer l'avoine qu'ils avalent quelquefois goulument, sans mastication. On arrose ensuite ce mélange avec de l'eau dans laquelle on a fait dissoudre des tourtes ou tourteaux, comme on appelle cette espèce de galette, résidu de l'huile de colza, dont on doit toujours avoir un plein tonneau à sa portée dans les étables.

Les cochons sont nourris de la même manière, moins la paille. On leur donne les pommes de terre cuites avec un mélange de mouture ou de son.

lorsqu'on veut les engraisser. Cette mouture n'est pas toujours indispensable pour la petite espèce, qu'on nomme ici cochons de la Chine, que j'ai vu engraisser avec des pommes de terre cuites, mêlées de lait caillé, données en petites quantités, mais régulièrement et plusieurs fois par jour.

Comme mon principal but est de les recommander comme nourriture pour l'homme, je n'entrerai pas dans de plus amples détails sur leur utilité, déjà en partie connue pour toute espèce d'animaux domestiques. Je rappellerai seulement que le sel est indispensable pour entretenir leur santé et leur appétit, et qu'il est en conséquence nécessaire de leur en donner plutôt plus que moins dans leurs rations de pommes de terre de chaque jour.

J'observerai encore que jamais en Allemagne ou en Hollande, où j'ai vu fréquemment des vaches donner jusqu'à 25 litres de lait par jour, on ne leur donne du foin ou de la paille hachée sans être humectés d'un liquide quelconque, à moins d'une nécessitée absolue ; parce qu'on y prétend avec raison que toute nourriture sèche tarit le lait.

Malgré l'état de misère que j'ai exposé plus haut, et dont je suis loin d'avoir exagéré le triste tableau, comme le pourraient croire ceux qu'il ne frappe pas aussi désagréablement, pour l'avoir considéré, dès l'enfance, comme une des conséquences de la vie humaine, inhérente aux lieux qui les ont vu naître; malgré cette pauvreté, chacun de ces ménages si souvent visités par la faim se trouve cependant encore renfermer un ou deux mangeurs inutiles; c'est-à-dire un roquet ou chien de garde, pour garder je ne sais quoi, puisque l'habitation ne renferme rien qu'on soit tenté de prendre; son seul office se borne donc à mordre les jambes des passants, en les étourdissant par des cris sauvages; à chasser d'un jardin mal clos et mal cultivé des poules aussi affamées que leurs maîtres, et à suivre au bois et aux champs les femmes et les enfants, pour y dévorer les levreaux et les œufs de perdrix.

A la manière dont leur race pullule, il doit en ce moment en exister en France plus de dix millions de toutes espèces. En admettant, sans exagération, que cette masse de chiens mange un quart de kilogramme de pain par tête, il en résulterait un déficit, dans la nourriture de l'homme, de deux millions cinq cent mille kilogrammes par jour; somme énorme pour un pays où l'existence de l'espèce humaine dépend jusqu'alors presque uniquement de cet aliment.

Il faudrait, pour parer à cet état de choses, non pas faire payer pour les chiens, comme on le fait en Angleterre où rien n'arrête pour satisfaire une fantaisie, à moins de vouloir l'extermination de la race canine en France, mais seulement y frapper le premier chien d'un impôt de cinq francs, le second de six francs, le troisième de sept francs, et ainsi de suite, toujours en augmentant d'un franc par chaque chien appartenant au même maître, perception comprise.

Il en résulterait une diminution notable dans cette multitude de mangeurs, qui rognent la maigre pitence du pauvre, sans lui être d'une utilité quelconque.

Le riche n'oserait se plaindre de devoir payer pour ses chiens de luxe, car il n'est pas forcé d'en avoir, et leur possession ne constitue pas une condition indispensable aux jouissances de la vie.

Le chien de garde ne devrait pas être plus exempt de la taxe que le chien de luxe, car celui qui a un objet d'une valeur quelconque à faire surveiller n'est pas pauvre, et par conséquent ne peut s'opposer à cet impôt; pas plus que le possesseur d'un troupeau qu'il n'aurait pas, s'il n'avait pas les moyens de payer pour le chien de son berger; dépense qu'il ne manquerait sans doute pas de faire supporter au consommateur.

Il n'y aurait donc d'exempt de toute redevance que le chien de l'aveugle. Tous les autres seraient taxés, soit pour l'agrément qu'ils procurent, soit pour les services qu'ils rendent.

Nous payons en France pour l'air que nous respirons, pour le jour qui nous éclaire; pour le sol qui nous porte, nous nourrit et reçoit nos dépouilles; pour le modeste grabat où reposent nos membres fatigués;

pour les aliments qui nous font vivre; enfin nous payons pour tout ce dont on ne peut se passer, à moins de mourir. A plus forte raison devrait-on payer pour un animal, qui n'a d'autre utilité que celle de contribuer à nos plaisirs ou de veiller à la sûreté de notre avoir.

La demande de cet impôt, toujours repoussée jusqu'à présent par la Chambre des Députés, dont les membres n'ont sans doute pas approfondi toutes les conséquences, la considérant probablement comme émanant d'une manie pétitoire, me semble juste en comparaison de toutes les autres contributions, sans exception, qui pèsent presque toujours durement sur l'individu vivant au jour le jour de son industrie ; payant au gouvernement la part la plus claire du modique salaire gagné par de rudes travaux manuels. Si donc, par la suite, nos législateurs, revenant sur des décisions négatives, accueillaient plus favorablement une nouvelle proposition à cet égard, — qui ne peut manquer de leur arriver malgré l'hilarité avec laquelle ont été repoussées les précédentes, — il serait à désirer que cette nouvelle taxe ne fût imposée qu'à la condition expresse d'abaisser encore l'impôt sur le sel au prorata de celui qui frapperait les chiens. Car je ne puis trop le répéter, le sel est indispensable pour toute bonne culture, et surtout pour la nourriture des bestiaux de toute nature, tant pour exciter leur appétit que pour leur éviter des maladies épizootiques, le plus souvent occasionnées dans le nord de la France par l'inconstance d'une température passant subitement de la chaleur intense à l'humidité glaciale. Ces variations nuisent à la circulation du sang, non seulement chez les hommes, mais surtout chez le bétail; inconvénient que l'expérience a appris à éviter par l'usage fréquent du sel, qui maintient cette circulation régulière que les bains, les frictions et les saignées ne peuvent rétablir.

En résumé, il a été constaté depuis longtemps, et il l'est encore chaque jour dans les réunions agricoles, que la rareté des amendements entrave les cultivateurs dans leurs efforts pour développer toute la fécondité dont leurs terres sont susceptibles, et nuit essentiellement aux propriétaires dans la location avantageuse de leurs propriétés. Cela est si vrai que même quelques parties de la France, qu'on croirait devoir être son grenier d'abondance, favorisées comme elles le sont par le plus beau climat, restent incultes pour être privées tout-à-fait de matières fertilisantes; tandis que les rares habitants de ces immenses districts incultes, qu'une sage administration pourrait rendre florissants, s'émigrent, poussés par le besoin, pour aller au loin féconder une terre étrangère.

On aura beau, pour remédier à cet état de choses, recommander l'emploi de cendres minérales ou végétales, de bois ou de tourbes et même du plâtre. Tous ces ingrédients, quoique bons, semés en temps propice, pour donner de la vigueur aux prairies artificielles, n'ayant la durée que d'une saison, deviennent par conséquent trop onéreux et ne peuvent servir pour les blés, auxquels succèdent deux autres ensemencements. Il faut donc, pour arriver au but désiré, des fumiers qui présentent assez de consistance pour que les terres en ressentent les bons effets, au moins pendant deux ou trois ans.

Il ne faut pas se dissimuler que ceux-ci ne peuvent s'obtenir à proportion indispensable aux besoins existants, qu'en augmentant le nombre du bétail dans les départements de la France le plus en souffrance. Car aucune des préparations recommandées au public comme engrais merveilleux ne vaudront jamais le résultat de la digestion des animaux ruminants, mêlé à la litière qu'ils foulent de leurs pieds.

Pour nourrir cet accroissement de bétail à reproduction d'engrais qui doit incontestablement introduire en France l'aisance et même l'abondance, en y créant des moyens alimentaires plus rationnels, il faudrait commencer par y encourager avec persévérance la culture en grand, comme elle se pratique en Allemagne et en Angleterre, du navet, de la betterave et surtout de la pomme de terre, qu'on enseignerait à utiliser pour l'espèce humaine par une cuisson convenable qui développerait toute la vertu de ce tubercule, en le débarrassant préalablement de sa pellicule qui paraît être, au dire de quelques individus, sa partie malfaisante.

Je crois devoir faire, avant de terminer, quelques observations dont on reconnaîtra peut-être la justesse, sur le fléau qui a frappé la dernière récolte de pommes de terre.

Au mois de mars, lorsque les fortes gelées n'étaient plus à craindre, je faisais d'habitude, comme je l'ai indiqué plus haut, monter de la cour au grenier, pour retarder leur germination, en attendant les nouvelles, une provision de pommes de terre suffisante pour les besoins de ma table.

Cette année-ci, lorsque je voulus prendre cette précaution, à la même époque, je vis avec surprise qu'elles présentaient déjà un commencement de germe, dont je les fis aussitôt débarrasser avant de les changer de place. A quelque temps de là, trouvant qu'elles perdaient leur bon goût habituel, je me rendis dans le local sec et aéré où je les avais fait déposer en une seule couche, pour qu'elles ne s'échauffassent point, et je les trouvai de nouveau en pleine fermentation. Les jugeant dès lors immangeables et même nuisibles à la santé, je les fis néanmoins nettoyer, pour la seconde fois, et descendre dans un bâtiment ouvert, exposé au soleil.

les destinant à la nourriture de mes chiens. Mais en dépit de tous ces soins, elles germèrent, après quelques jours, pour la troisième fois, en filaments minces et sans consistance, qui se fanaient peu de temps après s'être développés.

Ceci se passait six semaines ou deux mois avant le moment de la plantation, qui ne se fait ordinairement, en Picardie, qu'à la fin d'avril ou dans le courant de mai. A cette époque, j'observais ce que je n'avais jamais vu jusqu'alors, que ces pommes de terre, que j'avais constamment fait débarrasser de leur germe, pour les empêcher de se gâter, étaient devenues racornies, coriaces et tellement dépourvues de tout suc végétal et nourricier, que mes chiens même refusaient de les manger.

Si donc dans cet état de dépérissement qui doit avoir été, à peu d'exceptions près, le même partout et par les mêmes causes, on a planté ce tubercule, devenu inerte, par cette succession inaccoutumée de germinations, il est facile de s'expliquer comment son produit s'est montré chétif ou nul, et comment il n'a eu de vigueur que pour développer une tige éphémère, qu'il n'a pu vivifier par une sève qu'il n'avait déjà plus au moment de la plantation.

Je me suis d'autant mieux convaincu que c'est là l'unique cause de ce malheur, qui frappe si cruellement la classe pauvre, et non les maladies qu'on s'évertue de leur trouver, qu'en parcourant les champs, je me suis aperçu que dans les mêmes pièces de pommes de terre, il s'en trouvait dont les tiges étaient parfaitement vertes, promettant de bons produits, pendant que d'autres étaient languissantes ou aussi fanées qu'elles pouvaient l'être au mois d'octobre ; cette variation se remarquait, non seulement par places ou par parties de pièces, mais encore par carrés réguliers dans ces pièces mêmes. Si elles avaient été frappées de maladies, toutes sans exception auraient dû s'en ressentir. Je ne puis donc attribuer cette différence dans leur aspect général, qu'au plus ou moins de bonté du tubercule reproducteur dont on s'est servi pour la plantation, déterminé par le plus ou moins d'humidité du local où il se trouvait entassé sans soins pendant un fâcheux hiver. Ce qui paraît d'autant plus plausible, lorsqu'on a vu dans des terrains bas, où la proximité de l'eau rend les caves profondes impossibles, à moins de grands frais, que le mal a été bien plus grand que sur les hauteurs, où elles sont construites dans les conditions voulues.

On objectera sans doute à ces observations que toujours on a opéré comme on l'a fait cette année, sans cependant avoir éprouvé de résultats aussi fâcheux. Je répondrai que jamais, au moins à ma connaissance, on n'a eu un hiver aussi pluvieux que celui que nous venons de passer, offrant autant de variations de température, suivi d'un mois de mars d'une chaleur aussi excessive, auquel succédèrent de nouveau des pluies tellement abondantes, que les principales rivières de France débordèrent, et que les appartements les plus secs furent imprégnés d'une humidité si malfaisante, qu'elle altéra la santé d'une multitude de personnes. Ces pluies, en alternant avec des froids intenses sans exemple pour la saison, arrêtèrent spontanément la sève de tous les végétaux, dont les fleurs allaient s'épanouir, et les pommes de terre, amoncelées dans des réduits hermétiquement clos contre la gelée, éprouvèrent des fermentations précoces si réitérées, qu'elles devinrent nécessairement impropres à l'usage de la reproduction.

Pour éviter dorénavant le désastre qu'on déplore aujourd'hui, il faudrait d'abord, non seulement renouveler tous les trois ou quatre ans les pommes de terre destinées à la plantation, qui s'épuisent et dégénèrent à la longue, mais encore avoir soin de les planter en temps opportun, c'est-à-dire avant leur germination complète, à une assez grande profondeur pour qu'elles ne puissent souffrir des gelées de l'automne. Celles que la charrue ramènerait du fond du sillon, où elles étaient placées, à la surface du champ approprié pour les recevoir, se trouveraient garanties de ce danger en étant seulement recouvertes d'un pouce de terre. Il faudrait ensuite tâcher de ne plus traiter, comme on le fait dans la plupart des fermes, la culture de cette plante qui offre plus de ressources que nulle autre.

comme un pis-aller sans conséquence, dont on ne s'occupe que lorsque tous les autres travaux agricoles sont terminés. A ces conditions, qui, je le crains, n'ont pas été observées pour la récolte de 1846, je crois pouvoir assurer que cette prétendue épidémie, dont on dit les pommes de terre frappées, ne se reproduira plus.

FIN.

Abbeville. — Imp. JEUNET, rue Saint-Gilles, 108.

www.ingramcontent.com/pod-product-compliance
Ingram Content Group UK Ltd.
Pitfield, Milton Keynes, MK11 3LW, UK
UKHW021558260726
13993UKWH00002B/909